MUNDO MIGA DE PAN
MUNDO TIRITA
MAR DEL CHARCO DE ZUMO
MUNDO UÑA
MUNDO TROZO DE PATATA
TUNEL REGALIZ
AF892262

MUNDO SUBATÓMICO

MUNDO SUBATÓMICO

de FERMÍN SOLÍS

salamandra
graphic kids

EL UNIVERSO.
LA VÍA LÁCTEA.
EL SISTEMA SOLAR.
LA TIERRA.

EUROPA.
ESPAÑA.
UNA CIUDAD CUALQUIERA.
LA VENTANA DE UNA CASA CUALQUIERA.

EL SALÓN DE UNA CASA CUALQUIERA.
DEBAJO DEL SOFÁ DEL SALÓN DE UNA CASA CUALQUIERA.
PELUSA
MONEDA
UÑA DEL PIE
TIRITA
TROZO DE PATATA
CON LA AYUDA DE UNA CÁMARA ESPECIAL, VAMOS A ADENTRARNOS AÚN MÁS EN UNO DE ESTOS OBJETOS. COMO SI TUVIÉRAMOS UN MICROSCOPIO SUBATÓMICO.
1 EURO
MUNDO MONEDA.
MUNDO PELUSA

PALACIO IMPERIAL DE MUNDO MONEDA.
PLICK
PLICK
PLICK
¡EMPERADOR, EL CUBO MÍSTICO HA DESAPARECIDO!
¿EL CUBO MÍSTICO HA DESAPARECIDO?

¡EL BIENESTAR DE MUNDO MONEDA DEPENDE DEL CUBO MÍSTICO!
TENGO MIS SOSPECHAS DE QUE HA SIDO ROBADO, SEÑOR.
¿HA SIDO ROBADO?
DE HECHO, HABÍA RESTOS DE GUSANO NEMATODO EN LA SALA DONDE SE GUARDABA EL CUBO MÍSTICO.

¿GUSANO NEMATODO?
¿VA A REPETIR TODO LO QUE DIGA?
SÍ, SEÑOR. POR LO TANTO, TODO APUNTA A QUE PUEDE HABER SIDO ROBADO POR LOS HABITANTES DE MUNDO PELUSA.
MUNDO PELUSA. . .
TIKI, TIKI, TIKI, TIKI, TIKI
PUES SÍ, VA A REPETIR TODO.
NO PODEMOS ACUSAR DEL ROBO A LOS HABITANTES DE MUNDO PELUSA SIN MÁS PRUEBAS. ESO PODRÍA PROVOCAR UNA NUEVA GUERRA ENTRE NUESTROS MUNDOS.

PODRÍAMOS ENVIAR A UN PAR DE ESPÍAS A MUNDO PELUSA PARA QUE SE INFILTREN E INVESTIGUEN SI EL CUBO MÍSTICO ESTÁ ALLÍ.
O, MEJOR AÚN, VAMOS A ENVIAR A UN PAR DE ESPÍAS A MUNDO PELUSA PARA QUE SE INFILTREN E INVESTIGUEN SI EL CUBO MÍSTICO ESTÁ ALLÍ.
VOLVERÉ EN BREVE CON NUESTROS MEJORES SOLDADOS ESPÍAS.

BARRACONES DEL CUARTEL DEL EJÉRCITO DE MUNDO MONEDA.
3
5
7
9
ZZZZ
ZZZZZ
RRRIIIIIIIIIINNNGGG
ZZZZZ...
ZZZZZ
¿HAS OÍDO ALGO, TARDI?
UUHH. . . YO NO, ¿Y TÚ?

¡BLAMM!
¡ARRIBA, PAR DE HOLGAZANES, SUS COMPAÑEROS YA ESTÁN FORMANDO EN EL PATIO!
CINCO MINUTOS NADA MÁS.
¡NI CINCO MINUTOS NI CACHIMBAS!
ZASCA

UNA HORA MÁS TARDE.
5
ÑAM...
ÑAM... ÑAM...
HUMM
SIROPE
¿ESTÁIS DISFRUTANDO DEL DESAYUNO?
SÍ, SARGENTO. ¿GUSTA?
¡AL ENTRENAMIENTO YA!
UN MOMENTO, QUE ESTE CHURRITO NO PUEDE QUEDARSE AQUÍ.
GLUP
CHUP

MÁS TARDE. . .
HOP
HOP
HOP HOP
HOP
¿DÓNDE SE HABRÁN METIDO ESOS DOS?
¿SE PUEDE SABER QUÉ ESTÁIS HACIENDO?
ENTRENANDO, SEÑOR, COMO NOS DIJO.
CON EL "FORTINATE". AQUÍ, CALENTITOS.

¡NO PUEDO CON VOSOTROS DOS, NO PUEDO!
¡AL PATIO A HACER CIEN FLEXIONES!
¿CIEN CADA UNO O PODEMOS HACERLAS A MEDIAS?
YO HAGO CINCO, QUE ME CANSO.
CON PERMISO, SEÑOR. HA LLEGADO EL PRIMER MINISTRO Y DESEA VERLE.
TOMEN EJEMPLO DE ESTA SOLDADO. UN ÁCARO QUE LLEGARÁ LEJOS. GRRRR. . .

BUENOS DÍAS, SARGENTO. MUNDO MONEDA ESTÁ EN PELIGRO Y NECESITO A SUS MEJORES SOLDADOS PARA UNA MISIÓN SUPERSECRETA.
VAYA, ESPERO QUE NO SEA NADA GRAVE, PRIMER MINISTRO.
HUMMM. . . DEJE QUE PIENSE. MIS MEJORES SOLDADOS.
CREO QUE TENGO JUSTO LO QUE NECESITA, PRIMER MINISTRO.

UN RATO DESPUÉS.
¿QUERÍA VERME, SEÑOR?
SÍ.
TENGO QUE ENCARGARLE UNA MISIÓN DE LA QUE DEPENDE EL FUTURO DE MUNDO MONEDA.
ES UNA MISIÓN TAN SECRETA QUE SERÁ EL PROPIO EMPERADOR QUIEN LE DÉ TODOS LOS DETALLES.
¿EL EMPERADOR? ¡GUAU!
POR CIERTO, LE ACOMPAÑARÁN LOS SOLDADOS TARDI TARDÍGRADO Y PACO ÁCARO.
¿QUÉ? ¡PERO SI APENAS SABEN CAMINAR!

ES UNA ORDEN, SOLDADO. ESTA MISIÓN PUEDE SIGNIFICAR UN ASCENSO EN SU CARRERA.
ESTÁ BIEN, SEÑOR. A LA ORDEN. LOS LLEVARÉ CONMIGO.
¡BLAM!
¡BIEN! ¡POR FIN VOY A LIBRARME DE ESOS DOS!

¿QUE NOS VAMOS DE MISIÓN SECRETA?
5
¿NOSOTROS?
SÍ, YO TAMBIÉN ESTOY BASTANTE SORPRENDIDA.
BUENO, PONEOS EL UNIFORME MOCHILA CARGADO DE PROVISIONES Y EL ARMA REGLAMENTARIA, QUE NOS VAMOS A VER AL EMPERADOR.
BOING

PALACIO IMPERIAL.
ESA ES LA MISIÓN: INFILTRARSE EN MUNDO PELUSA Y CONSEGUIR PRUEBAS DE QUE EL CUBO MÍSTICO HA SIDO ROBADO POR ELLOS.
VUELVAN CON ÉXITO DE LA MISIÓN Y SERÁN RECOMPENSADOS CON MÉRITOS Y RIQUEZAS.
¡A LA ORDEN, SEÑOR EMPERADOR!
¡SELFI!

A LA MAÑANA SIGUIENTE TEMPRANO.
¿CUÁNDO LLEGAMOS?
PERO SI HEMOS SALIDO HACE SOLO DOS MINUTOS. AÚN PUEDE VERSE EL CUARTEL DESDE AQUÍ.
¿Y FALTA MUCHO?
VAYA VIAJECITO QUE ME ESPERA.

EL RÍOOO.
¿VOSOTROS CREÉIS QUE AHÍ ARRIBA HAY ALGO?
MI MAMÁ SIEMPRE ME CONTABA UNA HISTORIA.

LA HISTORIA DE LA GRAN ESCOBA.
¿LA GRAN ESCOBA?
SÍ, LA QUE UN DÍA ACABARÁ DE UN ESCOBAZO CON EL MUNDO SUBATÓMICO.
¡BAH! ESOS SON CUENTOS PARA METER MIEDO A LOS NIÑOS. YO NO CREO EN NADA DE ESO.

GROOAUGR
¿QUÉ ES ESO?
PARECE EL RUGIDO DE ALGÚN ANIMAL SALVAJE.
¡AY, MAMÁ!
LO MEJOR SERÁ QUE BUSQUEMOS UN REFUGIO PARA PASAR LA NOCHE Y MAÑANA SEGUIMOS EL CAMINO.
LLEGUEMOS HASTA ESAS COLINAS.

¿QUÉ HABÉIS TRAÍDO PARA COMER?
¿ES QUE HABÍA QUE TRAER LA COMIDA?
¡PUES CLARO! OS DIJE QUE TRAJESEIS PROVISIONES.
YO HE TRAÍDO CHUCHES Y REFRESCOS PARA LA EXCURSIÓN Y UN BOCATA DE CREMA DE CACACHUCU.

¡ESTO NO ES UNA EXCURSIÓN, ES UNA MISIÓN SECRETA Y PELIGROSA!
¿ME DAS UN POCO DE BOCATA DE CACACHUCU?
PERO SOLO UN MUERDITO, ¿EH?
NO ME LO PUEDO CREER. . . POR LO MENOS HABRÉIS TRAÍDO AGUA, ¿VERDAD?
UPS. . .

MAÑANA TENEMOS QUE ATRAVESAR EL DESIERTO DE QARKY. ¿CÓMO VAIS A SOBREVIVIR SIN AGUA?
LOS TARDÍGRADOS SOBREVIVIMOS EN CLIMAS EXTREMOS. SI EXPLOTA UNA BOMBA ATÓMICA, ¿TÚ SOBREVIVIRÁS? YO SÍ, *BABY*.
VALE, NO PUEDO MÁS. HASTA MAÑANA.
¿SE HA ENFADADO?
UN POCO SÍ.
¿ME DAS?

GRUAUUGHH
¡OTRA VEZ ESE ANIMAL SALVAJE!
¡AY, MAMÁ!
¿PUEDO DORMIR CONTIGO, PACO ÁCARO?
NO, NO ME HAS DADO DE TU BOCATA DE CACACHUCU.
¡SILENCIO!

AL DÍA SIGUIENTE.
¡QUÉ CALOR!
¿CUÁNTO QUEDA?
DAME PACIENCIA. . .
¿CANTAMOS ALGO?

ERES EL AGUA QUE QUITA MI SED. ERES EL CHORIZO QUE ALEGRA MI PAN.
¿PUEDES CANTAR UNA CANCIÓN QUE NO HABLE DE COMIDA O SED?
HACE CALOR, HACE CALOR, NECESITO UN VENTILADOR.
GLOOOOGLOGLO. . .

TENGO HAMBREE. . .
¿TE HAS COMIDO TODO EL CACACHUCU?
¡MIRAD! ¿QUÉ ES ESO?
ROTÍFEROS
Calientes
5¢
¡QUIERO UNO CON TODOOOO!

PLOFF
¡OUCH!
¿A DÓNDE HA IDO? ¿HABÉIS VISTO EL PUESTO DE ROTÍFEROS CALIENTES, NO?
YO NO HE VISTO NADA, PERO NO ME IMPORTARÍA COMERME UN ROTÍFERO CALIENTE O DOS.
HA SIDO UN ESPEJISMO. UNA IMAGEN QUE HA CREADO TU MENTE FRUTO DEL CALOR, EL HAMBRE Y LA SED.

CONTINUEMOS. NO QUEDA MUCHO PARA DEJAR ATRÁS EL DESIERTO DE QARKY. EN CUANTO LLEGUEMOS AL BOSQUE, HABRÁ AGUA Y FRUTOS PARA COMER.
JO, NO SABÍA QUE YO ERA TAN VALIENTE. AQUÍ ESTOY, CUMPLIENDO UNA MISIÓN PARA EL EMPERADOR DE MUNDO MONEDA NI MÁS NI MENOS.
¡GROARG!
¡AY, MAMÁ!

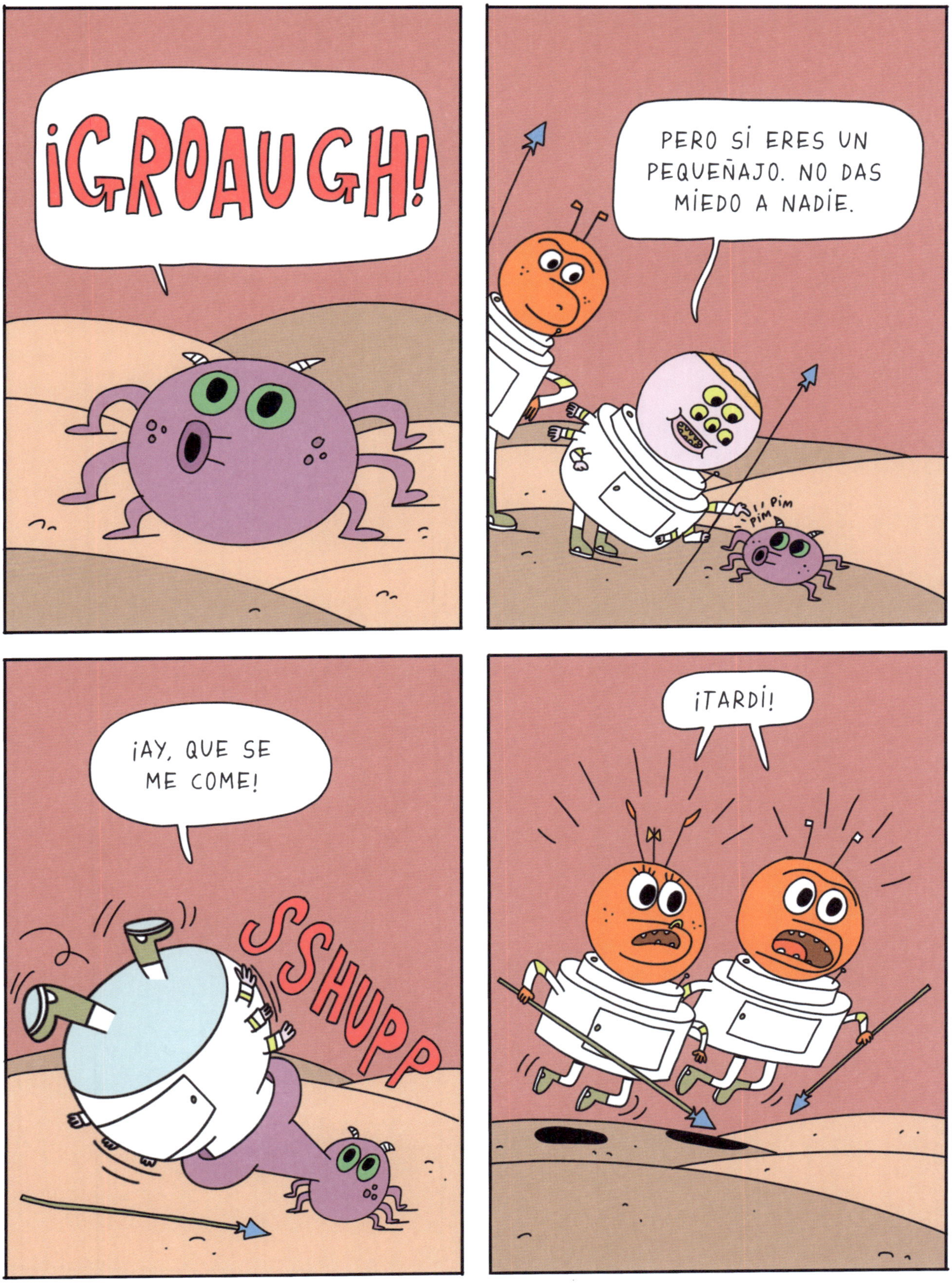
¡GROAUGH!
PERO SÍ ERES UN PEQUEÑAJO. NO DAS MIEDO A NADIE.
PIM PIM
¡AY, QUE SE ME COME!
SSHUPP
¡TARDI!

CHOP
ME HA VOMITADO.
NO LE GUSTA TU SABOR, JI, JI, JI.
¡QUÉ SIMPÁTICO!

¡MIRAD! ¡ESTAMOS SALIENDO DEL DESIERTO! MUNDO PELUSA ESTÁ DETRÁS DE ESE BOSQUE DE FITOMONERAS.
ESE BICHO TE HA COGIDO CARIÑO, TARDI.
SÍ, QUÉ CUQUI.
¡POR FIN, COMIDA! ESTO TIENE BUENA PINTA.

¡NO COMAS ESO! AL ROMPERSE SUELTAN UN ESPESO HUMO TÓXICO.
¡PLAKA!
TOMA, PRUEBA ESTOS. TIENEN PEOR ASPECTO, PERO LLENAN Y SACIAN LA SED.
PARECE UNA CACOTA.
MIRAD, RESTOS DE GUSANO NEMATODO. MUNDO PELUSA YA NO ESTÁ MUY LEJOS.
¿QUÉ SON LOS GUSANOS NEMATODOS?

LOS HABITANTES DE MUNDO PELUSA SE DESPLAZAN MONTADOS EN ELLOS, ¿NO LO SABÍAIS? SE ESTUDIA EN PRIMERO.
¿POR QUÉ OS ALISTASTEIS EN EL EJÉRCITO DE MUNDO MONEDA?
¿EN EL EJÉRCITO?
YO PENSABA QUE ERA UN CAMPAMENTO DE VERANO.
VAYA TROPA.

AHÍ ESTÁ: MUNDO PELUSA. A PARTIR DE AHORA HAY QUE TENER MUCHO CUIDADO PARA QUE NO NOS VEAN.
¡GUAU! ¡QUÉ PASADA!

MUNDO PELUSA ESTÁ FORMADO POR CIENTOS DE PEQUEÑAS CAVERNAS DONDE VIVEN LOS PIOJOS.
ES UNA SOCIEDAD MENOS AVANZADA QUE LA NUESTRA Y SON UN PELÍN BRUTOS.
¿UNOS CAVERNÍCOLAS?
MÁS O MENOS.
PARA NO CORRER RIESGOS, MEJOR OS QUEDÁIS AQUÍ CALLADITOS Y YO BUSCARÉ LAS PRUEBAS DE QUE REALMENTE HAN SIDO ELLOS QUIENES HAN ROBADO EL CUBO MÍSTICO.
¡QUÉ ROLLO! YO QUIERO VISITAR MUNDO PELUSA.
NO HEMOS HECHO TODO ESTE CAMINO PARA QUEDARNOS AQUÍ DE BRAZOS CRUZADOS.

BUENO, VAMOS A HACER UNA COSA.
SÍ DESCUBRO QUE EL CUBO MÍSTICO ESTÁ EN UNA DE ESAS CUEVAS, IDEAMOS UN PLAN PARA RECUPERARLO ENTRE LOS TRES.
UTILIZARÉ UNA DE ESTAS PARA CAMUFLARME.
¿QUÉ TAL?
¿PUEDES VER?
SÍ, ES BASTANTE TRANSLÚCIDA.

NO OS MOVÁIS DE AHÍ. NO TARDARÉ MUCHO.
¿JUGAMOS A VEO VEO?
SNIF SNIF
¡GROAUGH!

¡UNGA UNGA!
¡AY, MAMÁ!

LLEVO UN BUEN RATO RECORRIENDO LAS CAVERNAS Y NO HAY NINGÚN INDICIO DE QUE EL CUBO MÍSTICO ESTÉ AQUÍ.

EL CUBO MÍSTICO ES COMO UNA PILA QUE DA ENERGÍA MÍSTICA A MUNDO MONEDA.
LOS HABITANTES DE MUNDO PELUSA SON MUY RUDIMENTARIOS, NO NECESITAN UN CUBO MÍSTICO.
UNGA, UNGA.
AQUÍ NO HAY NADA QUE HACER. VOLVERÉ A POR LOS CHICOS ANTES DE QUE ME DESCUBRAN.
¡GROAUGHH!
ESE RUGIDO ES DEL BICHITO QUE SE HA HECHO AMIGO DE TARDI.

NO ESTÁN DONDE LOS DEJÉ.
¡EY, HOLA!
GROAUGGH.
¿QUIERES QUE TE SIGA?

¡OH, NO! ¡LOS HAN CAPTURADO! HAY QUE PENSAR ALGO RÁPIDO PARA RESCATARLOS.
¡SOCORRO! ¡ESTOS BICHOS SE NOS VAN A COMER!
NO TE QUEJES, PACO ÁCARO, ASÍ NO NOS CANSAMOS CAMINANDO.
SE ME OCURRE UNA IDEA, VAMOS A COGER ALGUNOS DE ESTOS FRUTOS PELIGROSOS.
MEJOR ACTIVO LA ESCAFANDRA.

TARDI, CREO QUE ESTO ES EL FINAL, ME ALEGRO DE HABERTE CONOCIDO.
NO QUIERO QUE SE ACABE LA EXCURSIÓN.
UNGA, UNGA.

¡AGUANTAD LA RESPIRACIÓN, CHICOS!

¡CRACK!
¡CRACK!
PLOF
PLOF

COFF...
COFF...
COFF...
COF...

COF...
COFF
COFF
¡AGUANTAD!
YO PUEDO RESPIRAR ESTE HUMO, SOY UN TARDÍGRADO, ¿RECUERDAS?
¡ACTIVAD LAS ESCAFANDRAS!
PUES VALE.
¡AL GUSANO, ANTES DE QUE SE EVAPORE EL HUMO!

¡BYE, BYE! ¡SALVADOS!
COOFF...
COFF...
COFF
COFF...
ASÍ SE CRUZA MEJOR EL DESIERTO, JE.
¡YUJUU!
BUENO, YA PODEMOS SEGUIR A PIE. DEJEMOS QUE EL GUSANO REGRESE A SU HOGAR.
¿VOLVEMOS? ¿SIN EL CUBO MÍSTICO?

LO BUSQUÉ POR TODO MUNDO PELUSA Y NO VÍ NADA QUE INDICARA QUE ESTUVIESE ALLÍ.
¿Y AHORA QUÉ?
VOLVEMOS A MUNDO MONEDA E INFORMAMOS AL EMPERADOR.
ENTONCES ¿HEMOS VENIDO PARA NADA?
Y CASI NOS COMEN.
BUENO, NO HA SIDO PARA NADA. A MÍ ME HA GUSTADO CONOCEROS Y VIVIR ESTA AVENTURA CON VOSOTROS.
A MÍ TAMBIÉN.
GRRUAUGH.
Y A MÍ.

PALACIO IMPERIAL DE MUNDO MONEDA.
¡¿QUE EL CUBO MÍSTICO NO ESTABA EN MUNDO PELUSA?!
ESO HEMOS DICHO, EMPERADOR.
ES QUE LE GUSTA REPETIR TODO.
YES, REPETIR.
REGRESEN AL CUARTEL GENERAL Y PREPÁRENSE PARA SOBREVIVIR SIN EL CUBO MÍSTICO. NO SÉ CUÁNTO AGUANTAREMOS SIN SU PODER MÁGICO.
ME PREGUNTO HASTA QUÉ PUNTO MUNDO MONEDA NO PUEDE SOBREVIVIR SIN EL CUBO MÍSTICO. LLEVA DÍAS DESAPARECIDO Y NO HA PASADO NADA MALO.

UN POCO MÁS TARDE.
¿VAMOS A SALUDAR AL SARGENTO? SEGURO QUE SE ALEGRA DE VOLVER A VERNOS.
YO NO ESTARÍA TAN SEGURA DE ESO.
7
BLAM
¡SORPRESA! ¡HEMOS VUELTO!
¿NO SABÉIS LLAMAR A LA PUERTA? PERO ¿QUÉ HACÉIS AQUÍ?
GLUP.

¡UN MOMENTO! ¿ESO QUE ACABA DE ESCONDER ES EL CUBO MÍSTICO? ¡LO ROBÓ USTED!
¡LO IBA A DEVOLVER! ¡SOLO QUERÍA DESHACERME UNA TEMPORADA DE ESOS DOS INÚTILES!
¡YA, YA! ¡QUERÍA QUE NOS COMIESEN LOS PIOJOS DE MUNDO PELUSA!
¡GUARDIAS!

¡HA ROBADO EL CUBO MÍSTICO, LLEVADLO ANTE EL EMPERADOR!
¡GRRR! ¡ESTO NO VA A QUEDAR ASÍ!
RESTOS DE
CASO RESUELTO, CHICOS. VAMOS A HABLAR CON EL PRIMER MINISTRO PARA COBRAR LA RECOMPENSA.
¡HURRA!
OJALÁ SEA UN BOTE DE CACACHUCU.
¿EN SERIO?
POR CIERTO, ¿CÓMO TE LLAMAS?
1 EURO
¿EN SERIOOOOOO?
FIN

CURIOSIDADES DE

MUNDO SUBATÓMICO

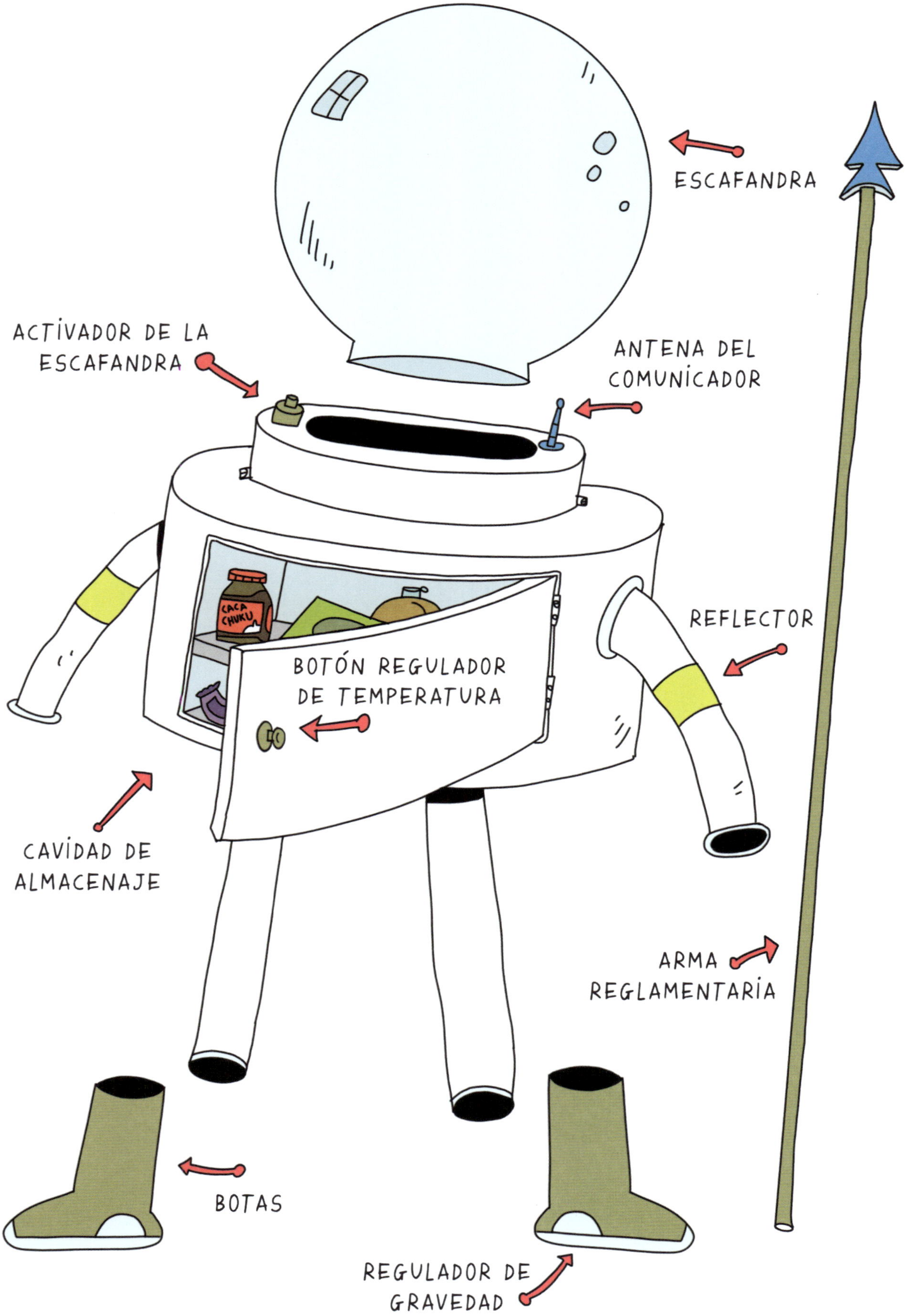
ESCAFANDRA
ACTIVADOR DE LA ESCAFANDRA
ANTENA DEL COMUNICADOR
CACA CHUKU
REFLECTOR
BOTÓN REGULADOR DE TEMPERATURA
CAVIDAD DE ALMACENAJE
ARMA REGLAMENTARIA
BOTAS
REGULADOR DE GRAVEDAD

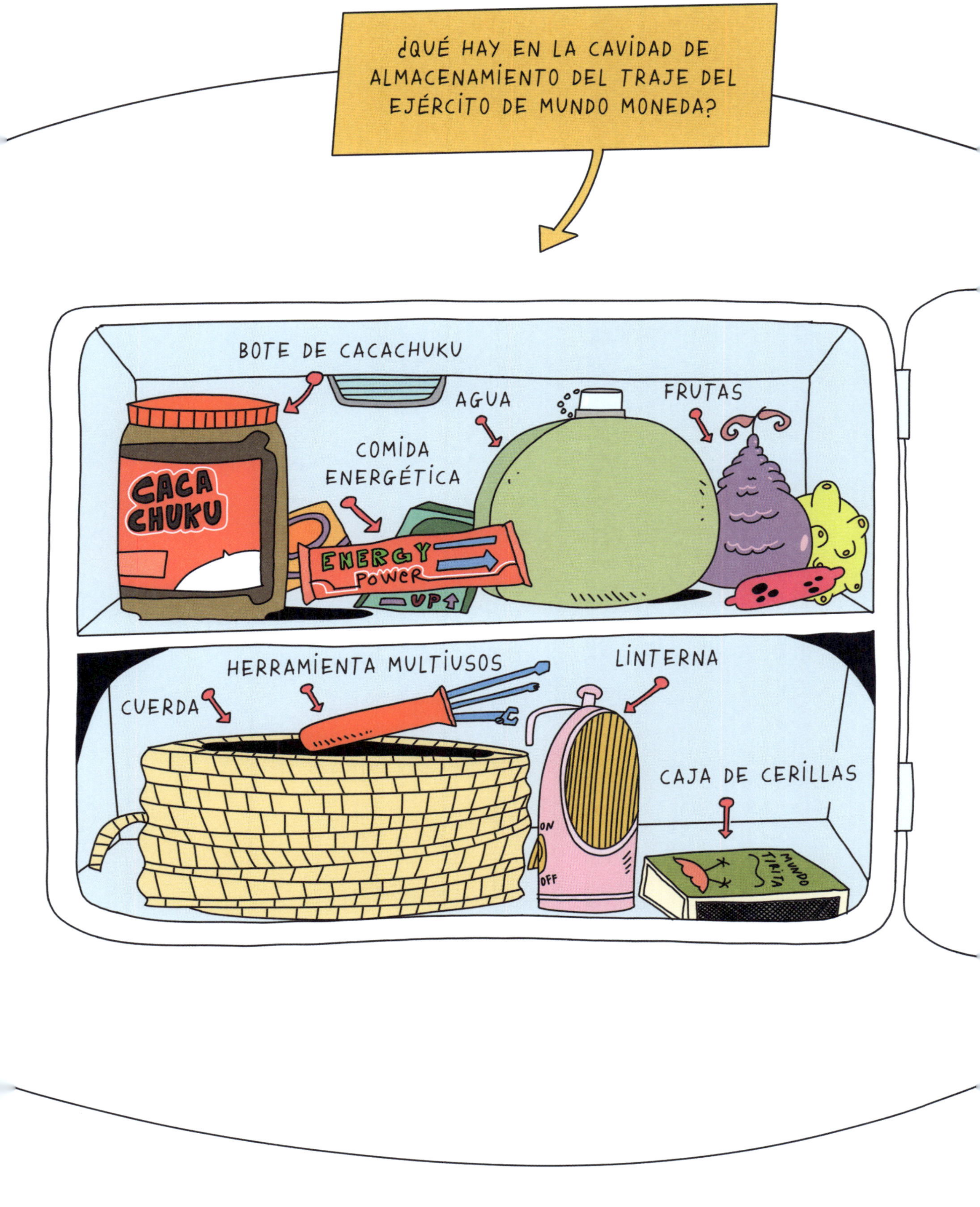
¿QUÉ HAY EN LA CAVIDAD DE ALMACENAMIENTO DEL TRAJE DEL EJÉRCITO DE MUNDO MONEDA?
BOTE DE CACACHUKU
CACA CHUKU
AGUA
FRUTAS
COMIDA ENERGÉTICA
ENERGY POWER UP
HERRAMIENTA MULTIUSOS
LINTERNA
CUERDA
ON
OFF
CAJA DE CERILLAS
MUNDO TIRITA

LO QUE MÁS LE GUSTA A **FERMÍN SOLÍS**, ADEMÁS DE DIBUJAR CÓMICS PARA PEQUES Y MAYORES, ES TOCAR EL BAJO CON SU GRUPO HOMBRE TIGRE. PODRÍA ALIMENTARSE SOLO A BASE DE CHOCOLATE Y QUESO. ACTUALMENTE VIVE CON SU FAMILIA EN CÁCERES, PERO SUEÑA CON SER NÓMADA ALGÚN DÍA. SI QUIERES LEER MÁS HISTORIAS SUYAS, PRUEBA CON LA *TRIBU CHATARRA*, *HARRY Y CERDON* O *ASTRO-RATÓN Y BOMBILLITA*.

Papel certificado por el Forest Stewardship Council®

MIXTO
Papel | Apoyando la silvicultura responsable
FSC® C117695

Penguin Random House Grupo Editorial

Primera edición: junio de 2024

Travessera de Gràcia, 47-49. 08021 Barcelona

Maquetación: Sergi Puyol

Printed in Spain – Impreso en España

ISBN: 978-84-19409-30-0
Depósito legal: B-7816-2024

Impreso en Índice, S.L.
(Barcelona)

SG09300

MUNDO MONEDA
EL INCREÍBLE HOMBRE MENGUANTE ERRANTE
DESIERTO DE QARKY
BOSQUE DE FITOMONERAS
MUNDO PELUSA